北京汉石桥湿地科普系列

汉石桥
湿地植物科学探索

张 勇
牛牧菁 主编
王 浩

科学出版社

内 容 简 介

本书根据作者多年的观察记录，从水生植物与水环境适应的特点出发，通过手绘图，将难以理解的植物结构特点具体化，着重描述水生植物的生长位置、生长过程，为读者提供观察和研究水生植物的方法。全书分为四个部分，包括汉石桥湿地简介、什么是湿地植物、湿地植物的生态作用、人类对水生植物的利用。重点选取了一些有代表性的湿地植物，如荷花、芦苇，介绍它们的生物学习性、生态作用、应用等。

图书在版编目（CIP）数据

汉石桥湿地植物科学探索 / 张勇，牛牧菁，王浩主编. —北京：科学出版社，2018.6
ISBN 978-7-03-057522-7

Ⅰ.①汉… Ⅱ.①张… ②牛… ③王… Ⅲ.①沼泽化地 - 植物 - 北京 - 普及读物 Ⅳ.① Q948.521-49

中国版本图书馆 CIP 数据核字（2018）第 110347 号

责任编辑：李　悦 / 责任校对：郑金红
责任印制：肖　兴 / 封面设计：铭轩堂

科 学 出 版 社 出版
北京东黄城根北街 16 号
邮政编码：100717
http://www.sciencep.com
中国科学院印刷厂 印刷
科学出版社发行　各地新华书店经销
*
2018 年 6 月第 一 版　　开本：787×1092　1/12
2018 年 6 月第一次印刷　　印张：4
字数：50 000

定价：60.00 元
（如有印装质量问题，我社负责调换）

序 言

　　在人们印象中，湿地中沼泽遍布，荒草丛生，充满危险。其实，湿地里的植物一样精彩纷呈，它们悄悄地生长着，或沉于水下，或浮于水面，或傲然挺立。倘若您静下心来，定会闻到清新的草香，找到美丽的花朵，也会触发您浪漫的情怀。这些植物为什么会生长在水里？它们是如何适应的？……我们一起去探索吧！

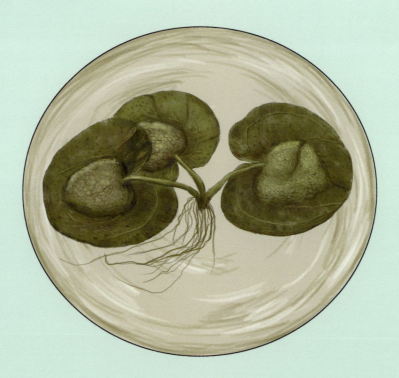

目 录

汉石桥湿地简介

汉石桥湿地位于北京市顺义区杨镇西南部，规划面积 1900 公顷，是北京市平原地区唯一的大型芦苇沼泽湿地，是市级湿地自然保护区。保护区内湿地植物分布广泛，共计 113 种，占保护区植物总数的 38.7%。与水环境关系紧密的湿地植物主要包括 4 种类型：挺水植物、浮叶植物、漂浮植物、沉水植物。湿地以芦苇和香蒲群落为主，以及间生在芦苇群落中的红蓼群落、小面积杂草群落及水沟和池塘中的莲、芡实、细果野菱、金鱼藻、菹草、荇菜等水生群落为辅。

什么是湿地植物？

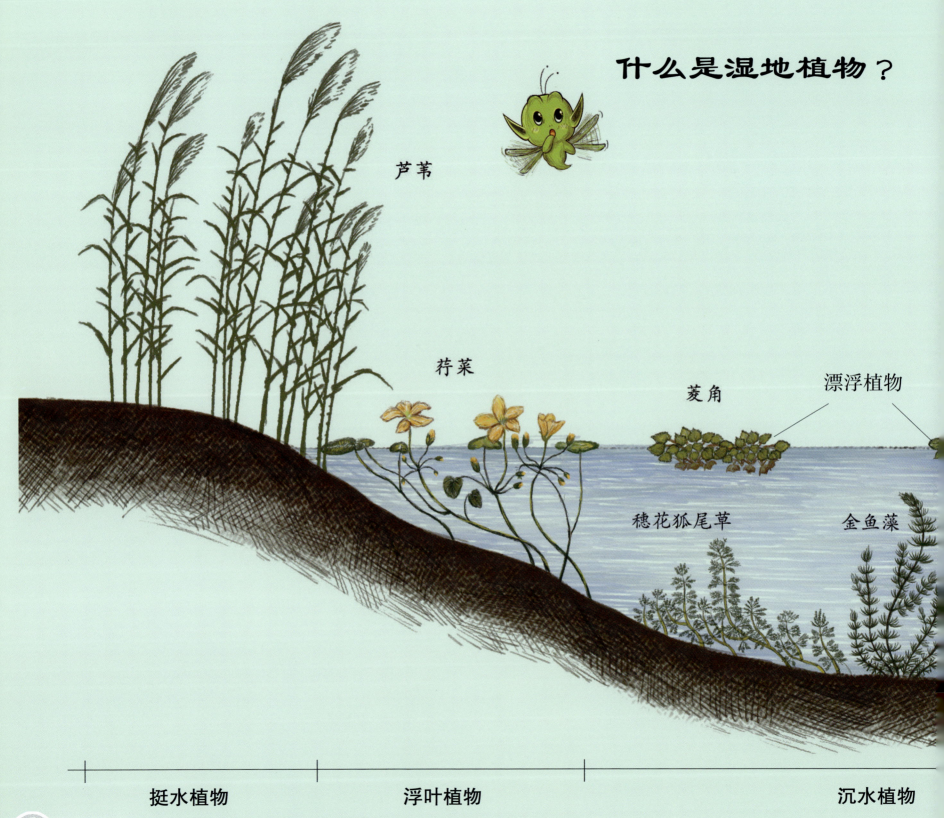

芦苇

荇菜

菱角

漂浮植物

穗花狐尾草

金鱼藻

挺水植物

浮叶植物

沉水植物

1. 沉水植物：整个植株沉在水中，根在泥中或水中，如金鱼藻。
2. 漂浮植物：整个植株浮在水面，随水漂浮，如浮萍。
3. 浮叶植物：叶面浮于水面，根在泥中，如荇菜。
4. 挺水植物：植株大部分生长于水面以上，根在泥中，如芦苇。

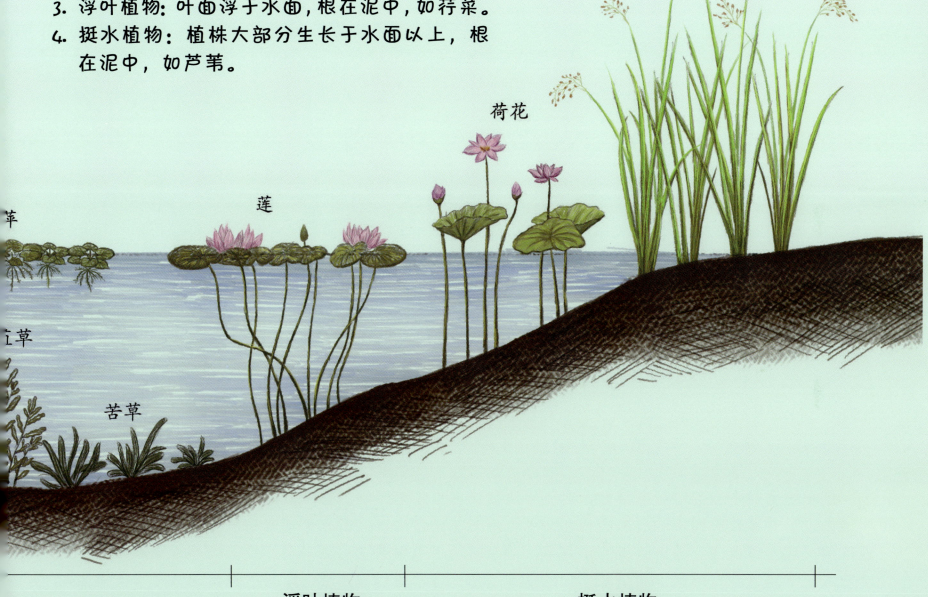

水葱

荷花

莲

草

草

苦草

浮叶植物　　　挺水植物

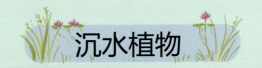

沉水植物

沉水植物是指整个植株都生活于水中，只在花期将花及少部分茎叶伸出水面的水生植物。

沉水植物对水分的依赖非常大，对于水质的要求也较为严格。当水分缺乏时，大多数沉水植物都将消失。一些喜欢流动水的沉水植物在死水中也无法正常生存。沉水植物对于水分的营养物质浓度也很依赖，在太过清洁、缺乏营养的水分中，沉水植物也很难生长；但当水质受污染而富营养化时，又会造成单个物种的大爆发，如菹草、狐尾藻等植物；当水质受到严重污染时，则大部分沉水植物都无法生存。

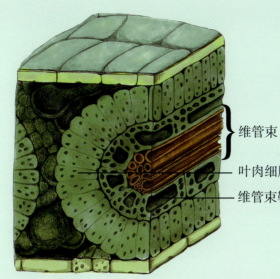

维管束

叶肉细胞

维管束鞘细胞

沉水植物很容易得到水分，因此它们输导组织的维管束都表现出不同程度的退化。根一般退化或完全消失，叶表面没有角质层加厚、蜡质或栓质，能直接吸收水分、溶于水中的氧气和其他的营养物质。

维管束：由木质部和韧皮部成束状排列形成的结构。维管束多存在于茎、叶等器官中。维管束相互连接构成维管系统，主要作用是为植物体输导水分、无机盐和有机养料等，也有支持植物体的作用。

维管束放大图

什么是角质层?

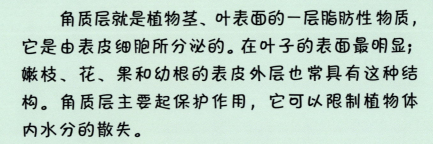

角质层就是植物茎、叶表面的一层脂肪性物质，它是由表皮细胞所分泌的。在叶子的表面最明显；嫩枝、花、果和幼根的表皮外层也常具有这种结构。角质层主要起保护作用，它可以限制植物体内水分的散失。

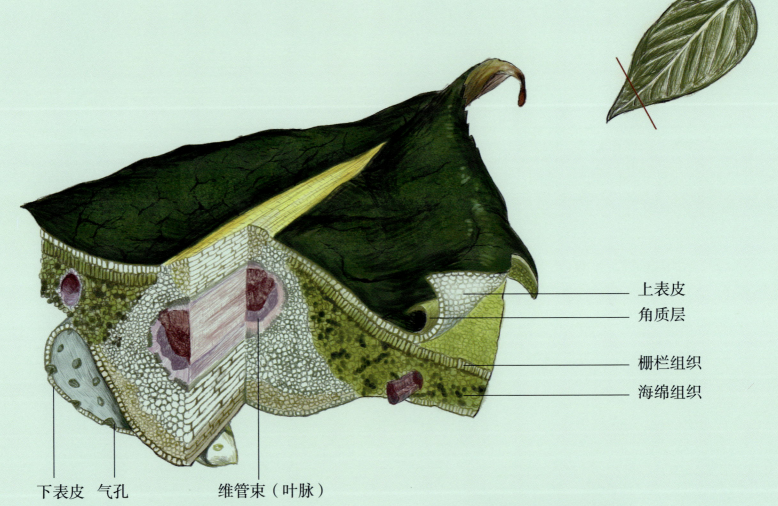

上表皮
角质层

栅栏组织
海绵组织

下表皮　气孔　　　维管束（叶脉）

叶片角质层立体结构剖面图

沉水植物的叶子薄而柔软或细裂，大多为带状或丝状，既可减少水流的阻力随波摆动，又扩大了表面积。叶片有发达的通气组织，能适应水下氧气相对不足的环境。

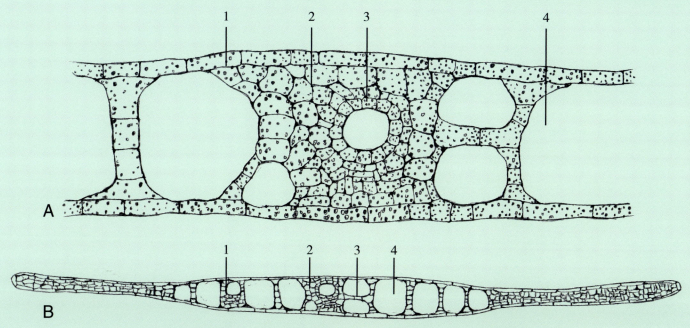

A. 叶片中部一部分放大图　B. 叶片横切面全形图解
1—具有叶绿体的表皮细胞；2—叶肉；3—退化的维管束（没有导管）；4—通气组织

金鱼藻的线形叶　　　　　　　苦草的条形叶

金鱼藻生长习性

休眠萌发

金鱼藻种子具坚硬的外壳，有较长的休眠期，通过冬季低温解除休眠。早春种子在泥中萌发，向上生长可达水面。种子萌发时胚根（图中不体现）不伸长，故植株无根，而以长入土中的叶状态枝固定株体，同时基部侧枝也发育出很细的全裂叶，类似白色细线的根状枝，既固定植株，又吸收营养。

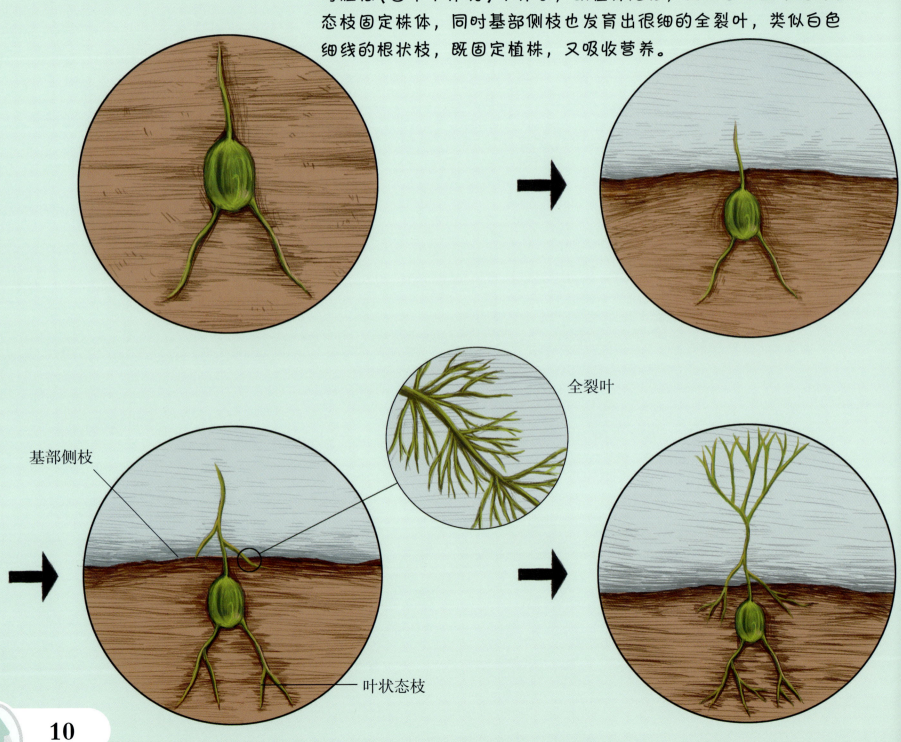

全裂叶

基部侧枝

叶状态枝

花（雄）

开花

　　金鱼藻花期每年 6~7 月，果期每年 8~9 月。雄花成熟后，雄蕊脱离母体，以花药末端的小浮体使其上升到水面，并开裂散出花粉。

结实

　　花粉比重较大，慢慢下沉到达水下雌花柱头上，授粉受精，这一过程只有在静水中进行。果实成熟后下沉至泥底，休眠越冬。

果实

越冬顶芽　　秋季光照渐短，气温下降时，侧枝顶端停止生长，叶密集成叶簇，色变深绿，角质增厚，并积累淀粉等养分，成为一种特殊的营养繁殖体，休眠顶芽。此时植株变脆，顶芽很易脱落，沉于泥中休眠越冬，第二年春天萌发为新株。另外，在生长期中，折断的植株可随时发育成新株。

生长植株

越冬顶芽（侧枝顶端密集）

顶芽

越冬植株（植株变脆，顶芽很易脱落）

沉入泥中休眠

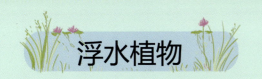
浮水植物是指植株悬浮于水面上的植物，根在泥里。浮水植物的叶片基本都为圆形，能获得较大的浮力。部分浮水植物的叶片上有缺口。浮水植物的叶片上层有大量的气孔，如睡莲叶片上层气孔密度为 625 个／平方毫米，而叶片下层无气孔。

荇菜的浮水叶

睡莲的浮水叶

四叶萍的浮水叶

芡实的浮水叶

睡莲

　　睡莲作为一种国际性的名花，在人类文明发展史中扮演着精彩的角色。"睡莲"这个名字就含有神秘的色彩。古希腊人在很早以前开始种植和崇尚睡莲，并以睡莲供奉山川女神。睡莲属的植物学名称 *Nymphaea* 是由拉丁文 Nymph 衍生而来，意为居住在山林水泽中的仙女，古希腊人相信出污泥而不染的睡莲是洁净与纯美的仙女化身。而又由于其花形似百合，绽放在水中，故其英文名翻译为水百合（waterlily）。

开放的睡莲

"睡觉"的睡莲

睡莲
是一种分布很广的
植物，世界各地都有它的身
影，它们"睡觉"的时间也不一
致。不同的环境也就造就了睡莲花
朵不同的作息时间。在武汉植物园里，
分别有朝开晚闭的（汤姆斯）、朝开
午闭的（鲜粉）、午开晚闭的（海芙拉）
和晚开早闭的（柔毛齿叶红睡莲）睡莲。
睡莲为什么要"睡觉"呢？科学家给出
了几个答案：在热带的睡莲品种，为了
避免被炎热的日光灼伤，花朵常常避
开白天或中午开放；而在寒冷地
区，则要避免夜间开放致使
热量散失，以及被霜
冻伤。

朝开晚闭的'汤姆斯'

午开晚闭的'海芙拉'

晚开早闭的'柔毛齿叶红睡莲'

朝开午闭的'鲜粉'

　　睡莲开花是为了吸引昆虫传粉，而这些传粉者的作息时间各不相同，例如，蜜蜂、蝴蝶白天出动，而蛾类、食蜜的蝙蝠则是夜行动物，于是植物便跟着调整开花时间，吸引特定的传粉者。有些睡莲还通过闭合的时候将昆虫关在花里，沾满花粉，第二天再打开花瓣，放出可怜的"犯人"，为自己传粉。

芡实

芡实为睡莲科的一种奇特植物，又称"鸡头米"。"鸡头米"这个称呼真是太形象了，芡实的浆果呈球形，似鸡的头部；下端是花柄，弯曲着生，似鸡的脖颈；上端是残存萼片，半开状，似鸡的喙；各部分均着生硬刺，又似鸡的羽毛；整体看来和鸡头十分相似。这也是它得名的原因。

芡实的叶

芡实叶圆皱褶，正面绿色，背面紫色；叶上有尖刺，直径可达 3m。

芡实的花

芡实的花紫红色。北京地区除栽培外，在汉石桥湿地可见野生种。

芡实种子解剖图

芡实的生长过程

我们在汉石桥湿地对芡实进行了一年的观察。秋季，芡实的果实成熟后，由自身重力压迫而沉入水底的淤泥中，如果你试着去拔，淤泥会将果实包裹得很紧，将费很大的力气才能将之拔出；寒冷的冬季中，凿开冰面，取出一两个果实，便会发现海绵质组织萎缩，紧紧包裹在种子上，像一层塑料，起到防水保温的作用；春季来临，阳光透过较浅的水层，晒暖了果实，海绵质组织腐烂，失去防水保温的作用，种子吸收水分，成功越冬的种子便萌发出来；夏季，雨水使水面上升，促使叶柄伸长，叶片浮在水面上，花朵盛开。

这就是芡实的生长发育过程，看似简单，其实十分艰难。据调查，野生状态下种子的成活率仅有十分之一，由于芡实是一年生植物，只能靠种子繁殖，因此种子成活率的高低，直接决定了芡实种群的大小。

海绵质组织，与被包裹的种子

漂浮植物

　　漂浮植物体完全漂浮水面，无根或根极度退化，无法固定在水下泥土中，体内气体较多，使叶片能够随水漂浮，气孔也多生于叶片的上表面，如槐叶萍、浮萍、凤眼莲等。

浮萍

　　宋代爱国将领文天祥感叹的"雨打萍"和传统相声《八扇屏》中提到的"雨打浮萍点点青"，都是创作者以浮萍无依无傍，随水漂泊的特性抒发自己落拓的情怀。

菱角的膨大气囊

水葫芦的膨大气囊

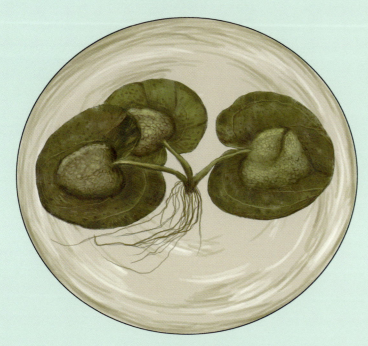

白萍（水鳖）的叶片

真正的水鳖

　　为了适应这种环境，有些浮水植物叶柄或叶背的部分会膨大形成气室，用来储存空气。不仅如此，这些气室还能增加浮力，方便在水面漂浮。

"水葫芦"的秘密

"水葫芦"学名"凤眼莲"，因为它叶柄内有海绵状气囊，这种结构很轻，所以能漂浮在水面上。

海绵状气囊

叶柄立体剖面图

凤眼莲

菱角的生长过程

一、菱角是靠成熟的菱角繁殖的。

二、菱角发芽，靠叶和叶柄的多孔结构浮于水面。

三、菱角在水面授粉，果实在水下成熟。

四、成熟的菱角落入水底，来年发育。

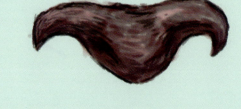

菱角叶片

菱角叶片的规则排列（莲花状）

挺水植物

　　挺水植物的根及根茎生长在水的底泥之中，茎直立，上部枝叶挺出水面，所以植物体通常都较硬挺，而能以本身的力量立于水面。挺水植物常分布于 0~1.5 米的浅水处，其中有的种类也常生长于潮湿的岸边。这类植物在水面以上的部分，具有陆生植物的特征，生长在水中的部分，具有水生植物的特性。

荷叶自洁效应

众所周知，水滴落在荷叶上，会变成一个个自由滚动的水珠，这说明荷叶叶面具有极强的疏水性，洒在叶面上的水会自动聚集成水珠，而水珠的滚动会把落在叶面上的尘土污泥吸附掉滚出叶面，使叶面始终保持洁净，这就是"荷叶自洁效应"。

乳突

荷叶的微观结构

荷叶为什么可以自洁呢？原来在荷叶叶面上存在着非常复杂的多重纳米和微米级的超微结构。在超高分辨率显微镜下可以清晰看到，荷叶表面上有许多微小的乳突。乳突的平均大小约为 10 微米，平均间距约 12 微米。而每个乳突由许多直径为 200 纳米左右的突起组成，打个比方，电镜下的荷叶叶面上仿佛布满着一个挨一个隆起的"小山包"，它上面长满绒毛，在"小山包"的顶端又长出一个馒头状的"碉堡"凸顶，仿佛一只只触角保护着叶面，使得尺寸比它大的东西根本无法靠近叶面。

挺水植物的根

　　挺水植物通常有发达的通气组织和发达的地下根茎或块根，如莲的叶柄不但有许多的洞孔，其地下茎也有许多洞孔来储存空气以进行呼吸作用，彼此贯穿形成一个输送气体的通道。

芦苇的根状茎

芦苇营养器官的通气组织

芦苇根横切面

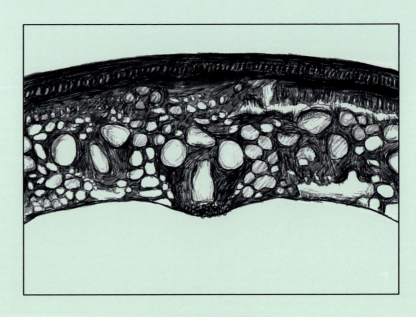

芦苇根状茎横切面

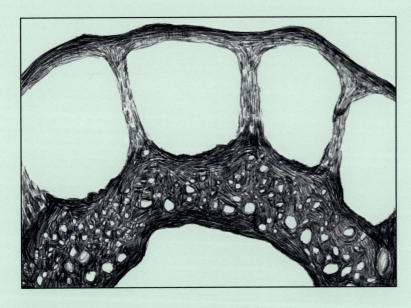

芦苇茎横切面

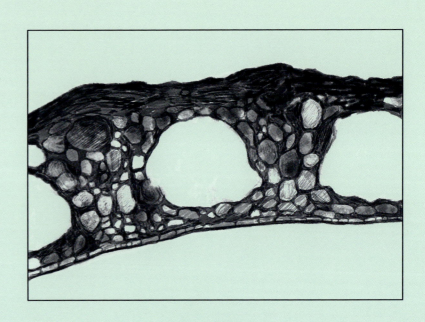

芦苇叶稍横切面

藕断丝连

　　人们常吃的藕其实是荷花的地下茎，藕节之间的须状物才是根。你知道吗，藕折断后看到的丝是藕的导管，类似于人的血管。藕丝是螺旋形的，平常盘曲着，折断后因为它有一定弹性，会被拉伸，最长可达 10 厘米。

藕节剖面

藕根部

藕

莲纤维纵向卷曲（一）

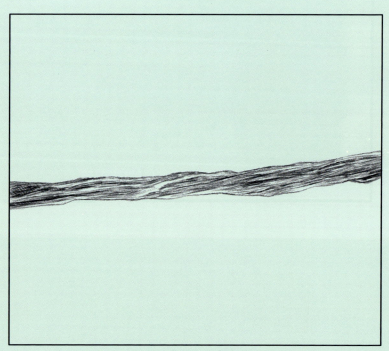

莲纤维纵向卷曲（二）

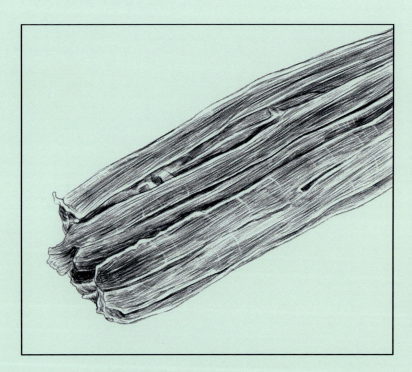

莲纤维纵向卷曲（三）

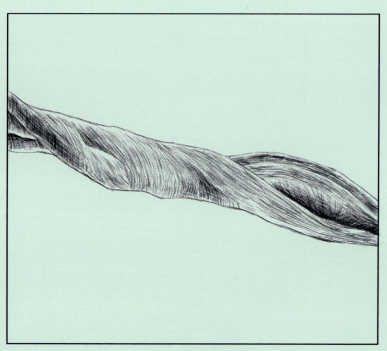

棉纤维纵向卷曲

湿地植物有什么生态作用呢？

草鱼取食菹草、黑藻、苦草等

雁鸭类取食芦苇、香蒲根茎

湿地植物可为湿地动物提供食物

鱼类喜欢取食沉水植物，如金鱼藻、菹草等；鸟类喜欢取食植物的根茎。雁鸭类喜欢取食水草及芦苇、香蒲的根茎。

鲤鱼在流水或静水中均能产卵，产卵场所多在水草丛中，卵黏附于水草上发育。

小䴙䴘的巢（香蒲、菹草等）

蜻蜓产卵是在小河浜或者池塘里的水草上。有时看到蜻蜓在水面上飞翔，把尾尖贴在水面上，一点一点地用尾尖点水，这就是它在产卵，成语所说的"蜻蜓点水"就是这个场景。有的种类的雄性蜻蜓在雌性蜻蜓产卵时，还会充当"助产士"。雌性蜻蜓在池塘、小河水面上飞翔，尾尖贴到水面，这时候，雄性蜻蜓飞翔在雌性蜻蜓上方，用尾尖勾住雌性蜻蜓的头部，全力以赴地拖着雌性蜻蜓向水草上排卵。

水草是蜻蜓幼虫的家

水生植物是如何起到净化作用呢？

水葱

香蒲

芦苇

茭白

浮萍

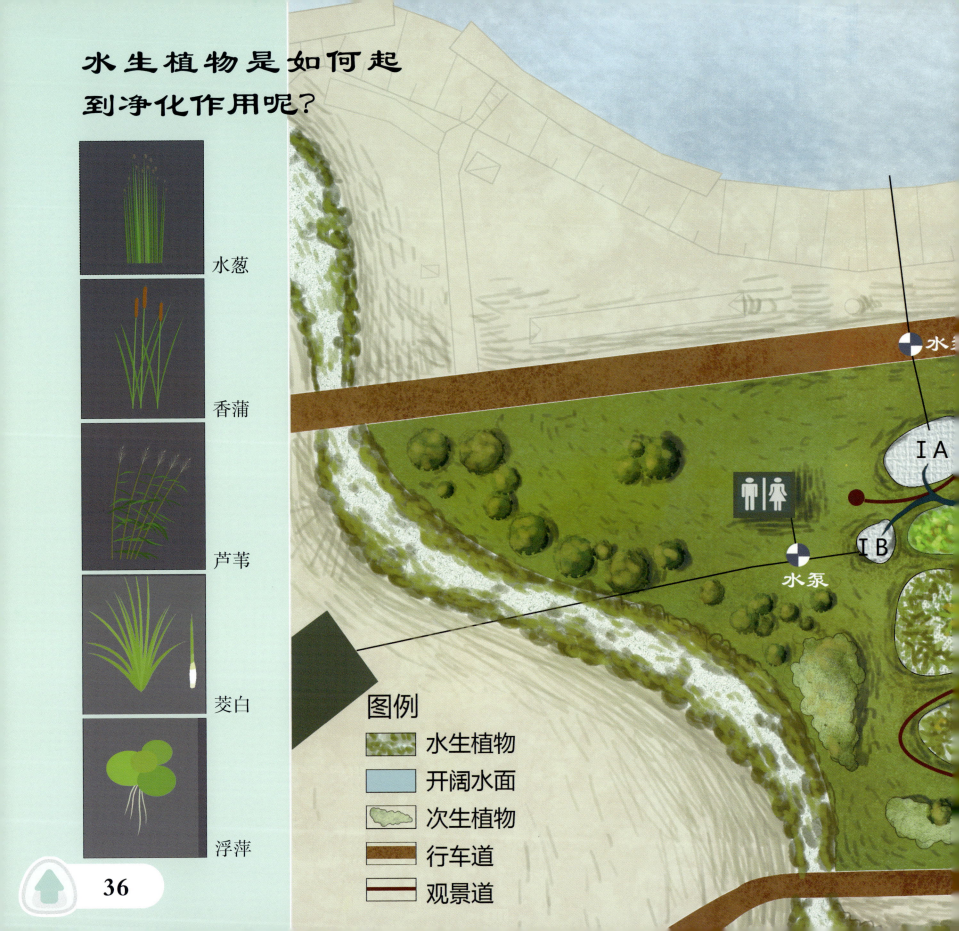

水泵

I A

I B

水泵

图例

水生植物

开阔水面

次生植物

行车道

观景道

慈菇

汉石桥湿地人工湿地示意图

人工湿地一般有三个流程，一是沉淀池沉淀杂质；二是植物种植区砂石过滤及植物吸收营养物质；三是出水。

ⅠA、ⅠB为水源池，水源来自游览区和餐厅废水；Ⅱ（水葱）、Ⅲ（香蒲）、Ⅳ（芦苇）水池种植了水葱、芦苇、香蒲，均为高大的本地挺水植物，根系发达，种植比较密集。主要作用是沉淀、吸附和降解，主要用来吸收氮元素。Ⅴ（主要是茭白，旁边是慈菇）、Ⅵ（主要是凤眼莲，旁边是慈菇）、Ⅶ（岸边是慈菇）水池种植了茭白、慈菇、凤眼莲，这类球茎类植物对磷的吸收作用强，所以这三个水池主要起到降磷的作用。冬季时这些植物都要收割，这样营养物质就清除掉了，收割后的植物进行粉碎，均匀播撒在林地的土壤上，就成了肥料。

人类对湿地植物有哪些利用呢？

一、生活用品

蒲扇

苇席

二、保健品

薄荷

芡实

三、食品

藕

菱白

莲子

菱角

四、工艺品

芦苇画

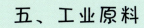
五、工业原料

造纸原料

六、建筑材料

粮仓

学习心得

_____

_____

_____

_____

_____

42